Practice

Eureka Math™
Grade 3 Fluency
Modules 1–4

Published by Great Minds®.

Copyright © 2015 Great Minds®. No part of this work may be reproduced, sold, or commercialized, in whole or in part, without written permission from Great Minds®. Noncommercial use is licensed pursuant to a Creative Commons Attribution-NonCommercial-ShareAlike 4.0 license; for more information, go to http://greatminds.org/copyright. *Great Minds* and *Eureka Math* are registered trademarks of Great Minds®.

Printed in the U.S.A.
This book may be purchased from the publisher at eureka-math.org.
10   9

ISBN 978-1-64054-593-9

G3-M1-M4-P/F-04.2018

Learn ◆ Practice ◆ Succeed

Eureka Math™ student materials for *A Story of Units*® (K–5) are available in the *Learn, Practice, Succeed* trio. This series supports differentiation and remediation while keeping student materials organized and accessible. Educators will find that the *Learn, Practice, and Succeed* series also offers coherent—and therefore, more effective—resources for Response to Intervention (RTI), extra practice, and summer learning.

Learn

Eureka Math Learn serves as a student's in-class companion where they show their thinking, share what they know, and watch their knowledge build every day. *Learn* assembles the daily classwork—Application Problems, Exit Tickets, Problem Sets, templates—in an easily stored and navigated volume.

Practice

Each *Eureka Math* lesson begins with a series of energetic, joyous fluency activities, including those found in *Eureka Math Practice*. Students who are fluent in their math facts can master more material more deeply. With *Practice*, students build competence in newly acquired skills and reinforce previous learning in preparation for the next lesson.

Together, *Learn* and *Practice* provide all the print materials students will use for their core math instruction.

Succeed

Eureka Math Succeed enables students to work individually toward mastery. These additional problem sets align lesson by lesson with classroom instruction, making them ideal for use as homework or extra practice. Each problem set is accompanied by a Homework Helper, a set of worked examples that illustrate how to solve similar problems.

Teachers and tutors can use *Succeed* books from prior grade levels as curriculum-consistent tools for filling gaps in foundational knowledge. Students will thrive and progress more quickly as familiar models facilitate connections to their current grade-level content.

Students, families, and educators:

Thank you for being part of the *Eureka Math*™ community, where we celebrate the joy, wonder, and thrill of mathematics. One of the most obvious ways we display our excitement is through the fluency activities provided in *Eureka Math Practice*.

What is fluency in mathematics?

You may think of *fluency* as associated with the language arts, where it refers to speaking and writing with ease. In prekindergarten through grade 5, the *Eureka Math* curriculum contains multiple daily opportunities to build fluency *in mathematics*. Each is designed with the same notion—growing every student's ability to use mathematics *with ease*. Fluency experiences are generally fast-paced and energetic, celebrating improvement and focusing on recognizing patterns and connections within the material. They are not intended to be graded.

Eureka Math fluency activities provide differentiated practice through a variety of formats—some are conducted orally, some use manipulatives, others use a personal whiteboard, and still others use a handout and paper-and-pencil format. *Eureka Math Practice* provides each student with the printed fluency exercises for his or her grade level.

What is a Sprint?

Many printed fluency activities utilize the format we call a Sprint. These exercises build speed and accuracy with already acquired skills. Used when students are nearing optimum proficiency, Sprints leverage tempo to build a low-stakes adrenaline boost that increases memory and recall. Their intentional design makes Sprints inherently differentiated; the problems build from simple to complex, with the first quadrant of problems being the simplest and each subsequent quadrant adding complexity. Further, intentional patterns within the sequence of problems engage students' higher order thinking skills.

The suggested format for delivering a Sprint calls for students to do two consecutive Sprints (labeled A and B) on the same skill, each timed at one minute. Students pause between Sprints to articulate the patterns they noticed as they worked the first Sprint. Noticing the patterns often provides a natural boost to their performance on the second Sprint.

Sprints can be conducted with an untimed protocol as well. The untimed protocol is highly recommended when students are still building confidence with the level of complexity of the first quadrant of problems. Once all students are prepared for success on the Sprint, the work of improving speed and accuracy with the energy of a timed protocol is often welcome and invigorating.

Where can I find other fluency activities?

The *Eureka Math Teacher Edition* guides educators in the delivery of all fluency activities for each lesson, including those that do not require print materials. Additionally, the *Eureka Digital Suite* provides access to the fluency activities for all grade levels, searchable by standard or lesson.

Best wishes for a year filled with aha moments!

Jill Diniz

Jill Diniz
Director of Mathematics
Great Minds

Lesson 8: Multiply by 7 (6–10) Pattern Sheet 81

Lesson 11: Multiply by 8 (1–5) Pattern Sheet 83

Lesson 12: Multiply by 8 (6–10) Pattern Sheet 85

Lesson 13: Multiply or Divide by 8 Sprint 87

Lesson 14: Multiply by 9 (1–5) Pattern Sheet 91

Lesson 15: Multiply by 9 (6–10) Pattern Sheet 93

Lesson 16: Multiply or Divide By 9 Sprint 95

Lesson 18: Multiply and Divide with 1 and 0 Sprint 99

Lesson 21: Multiply by Multiples of 10 Sprint 103

Module 4

Lesson 2: Multiply by 4 (6–10) Pattern Sheet 109

Lesson 8: Multiply by 6 (6–10) Pattern Sheet 111

Lesson 12: Multiply by 7 (6–10) Pattern Sheet 113

Lesson 14: Multiply by 8 (6–10) Pattern Sheet 115

Lesson 15: Multiply by 9 (1–5) Pattern Sheet 117

Lesson 16: Multiply by 9 (6–10) Pattern Sheet 119

A

Number Correct: _____

Add or Subtract Using 2

1.	0 + 2 =		23.	2 + 4 =	
2.	2 + 2 =		24.	2 + 6 =	
3.	4 + 2 =		25.	2 + 8 =	
4.	6 + 2 =		26.	2 + 10 =	
5.	8 + 2 =		27.	2 + 12 =	
6.	10 + 2 =		28.	2 + 14 =	
7.	12 + 2 =		29.	2 + 16 =	
8.	14 + 2 =		30.	2 + 18 =	
9.	16 + 2 =		31.	0 + 22 =	
10.	18 + 2 =		32.	22 + 22 =	
11.	20 − 2 =		33.	44 + 22 =	
12.	18 − 2 =		34.	66 + 22 =	
13.	16 − 2 =		35.	88 − 22 =	
14.	14 − 2 =		36.	66 − 22 =	
15.	12 − 2 =		37.	44 − 22 =	
16.	10 − 2 =		38.	22 − 22 =	
17.	8 − 2 =		39.	22 + 0 =	
18.	6 − 2 =		40.	22 + 22 =	
19.	4 − 2 =		41.	22 + 44 =	
20.	2 − 2 =		42.	66 + 22 =	
21.	2 + 0 =		43.	888 − 222 =	
22.	2 + 2 =		44.	666 − 222 =	

Lesson 2:   Relate multiplication to the array model.

B

Number Correct: _____

Improvement: _____

Add or Subtract Using 2

1.	2 + 0 =	
2.	2 + 2 =	
3.	2 + 4 =	
4.	2 + 6 =	
5.	2 + 8 =	
6.	2 + 10 =	
7.	2 + 12 =	
8.	2 + 14 =	
9.	2 + 16 =	
10.	2 + 18 =	
11.	20 – 2 =	
12.	18 – 2 =	
13.	16 – 2 =	
14.	14 – 2 =	
15.	12 – 2 =	
16.	10 – 2 =	
17.	8 – 2 =	
18.	6 – 2 =	
19.	4 – 2 =	
20.	2 – 2 =	
21.	0 + 2 =	
22.	2 + 2 =	

23.	4 + 2 =	
24.	6 + 2 =	
25.	8 + 2 =	
26.	10 + 2 =	
27.	12 + 2 =	
28.	14 + 2 =	
29.	16 + 2 =	
30.	18 + 2 =	
31.	0 + 22 =	
32.	22 + 22 =	
33.	22 + 44 =	
34.	66 + 22 =	
35.	88 – 22 =	
36.	66 – 22 =	
37.	44 – 22 =	
38.	22 – 22 =	
39.	22 + 0 =	
40.	22 + 22 =	
41.	22 + 44 =	
42.	66 + 22 =	
43.	666 – 222 =	
44.	888 – 222 =	

EUREKA MATH™

Lesson 2:   Relate multiplication to the array model.

5

A

Number Correct: _____

Add Equal Groups

1.	2 + 2 =		23.	7 + 7 =	
2.	2 twos =		24.	2 sevens =	
3.	5 + 5 =		25.	9 + 9 =	
4.	2 fives =		26.	2 nines =	
5.	2 + 2 + 2 =		27.	8 + 8 =	
6.	3 twos =		28.	2 eights =	
7.	2 + 2 + 2 + 2 =		29.	3 + 3 + 3 =	
8.	4 twos =		30.	3 threes =	
9.	5 + 5 + 5 =		31.	4 + 4 + 4 =	
10.	3 fives =		32.	3 fours =	
11.	5 + 5 + 5 + 5 =		33.	3 + 3 + 3 + 3 =	
12.	4 fives =		34.	4 threes =	
13.	2 fours =		35.	4 fives =	
14.	4 + 4 =		36.	5 + 5 + 5 + 5 =	
15.	2 threes =		37.	3 sixes =	
16.	3 + 3 =		38.	6 + 6 + 6 =	
17.	2 sixes =		39.	3 eights =	
18.	6 + 6 =		40.	8 + 8 + 8 =	
19.	5 twos =		41.	3 sevens =	
20.	2 + 2 + 2 + 2 + 2 =		42.	7 + 7 + 7 =	
21.	5 fives =		43.	3 nines =	
22.	5 + 5 + 5 + 5 + 5 =		44.	9 + 9 + 9 =	

Lesson 3:   Interpret the meaning of factors—the size of the group or the number of groups.

7

©2015 Great Minds®. eureka-math.org

B

Number Correct: _____

Improvement: _____

Add Equal Groups

1.	5 + 5 =	
2.	2 fives =	
3.	2 + 2 =	
4.	2 twos =	
5.	5 + 5 + 5 =	
6.	3 fives =	
7.	5 + 5 + 5 + 5 =	
8.	4 fives =	
9.	2 + 2 + 2 =	
10.	3 twos =	
11.	2 + 2 + 2 + 2 =	
12.	4 twos =	
13.	2 threes =	
14.	3 + 3 =	
15.	2 sixes =	
16.	6 + 6 =	
17.	2 fours =	
18.	4 + 4 =	
19.	5 fives =	
20.	5 + 5 + 5 + 5 + 5 =	
21.	5 twos =	
22.	2 + 2 + 2 + 2 + 2 =	

23.	8 + 8 =	
24.	2 eights =	
25.	7 + 7 =	
26.	2 sevens =	
27.	9 + 9 =	
28.	2 nines =	
29.	3 + 3 + 3 + 3 =	
30.	4 threes =	
31.	4 + 4 + 4 =	
32.	3 fours =	
33.	3 + 3 + 3 =	
34.	3 threes =	
35.	4 fives =	
36.	5 + 5 + 5 + 5 =	
37.	3 sevens =	
38.	7 + 7 + 7 =	
39.	3 nines =	
40.	9 + 9 + 9 =	
41.	3 sixes =	
42.	6 + 6 + 6 =	
43.	3 eights =	
44.	8 + 8 + 8 =	

Lesson 3:   Interpret the meaning of factors—the size of the group or the number of groups.

A

Number Correct: _____

Repeated Addition as Multiplication

1.	5 + 5 + 5 =	
2.	3 × 5 =	
3.	5 × 3 =	
4.	2 + 2 + 2 =	
5.	3 × 2 =	
6.	2 × 3 =	
7.	5 + 5 =	
8.	2 × 5 =	
9.	5 × 2 =	
10.	2 + 2 + 2 + 2 =	
11.	4 × 2 =	
12.	2 × 4 =	
13.	2 + 2 + 2 + 2 + 2 =	
14.	5 × 2 =	
15.	2 × 5 =	
16.	3 + 3 =	
17.	2 × 3 =	
18.	3 × 2 =	
19.	5 + 5 + 5 + 5 =	
20.	4 × 5 =	
21.	5 × 4 =	
22.	2 × 2 =	

23.	3 + 3 + 3 + 3 =	
24.	4 × 3 =	
25.	3 × 4 =	
26.	3 + 3 + 3 =	
27.	3 × 3 =	
28.	3 + 3 + 3 + 3 + 3 =	
29.	5 × 3 =	
30.	3 × 5 =	
31.	7 + 7 =	
32.	2 × 7 =	
33.	7 × 2 =	
34.	9 + 9 =	
35.	2 × 9 =	
36.	9 × 2 =	
37.	6 + 6 =	
38.	6 × 2 =	
39.	2 × 6 =	
40.	8 + 8 =	
41.	2 × 8 =	
42.	8 × 2 =	
43.	7 + 7 + 7 + 7 =	
44.	4 × 7 =	

Lesson 4: Understand the meaning of the unknown as the size of the group in division.

©2015 Great Minds®. eureka-math.org

11

B

Repeated Addition as Multiplication

1.	2 + 2 + 2 =			23.	4 + 4 + 4 =	
2.	3 × 2 =			24.	3 × 4 =	
3.	2 × 3 =			25.	4 × 3 =	
4.	5 + 5 + 5 =			26.	4 + 4 + 4 + 4 =	
5.	3 × 5 =			27.	4 × 4 =	
6.	5 × 3 =			28.	4 + 4 + 4 + 4 + 4 =	
7.	2 + 2 + 2 + 2 =			29.	4 × 5 =	
8.	4 × 2 =			30.	5 × 4 =	
9.	2 × 4 =			31.	6 + 6 =	
10.	5 + 5 =			32.	6 × 2 =	
11.	2 × 5 =			33.	2 × 6 =	
12.	5 × 2 =			34.	8 + 8 =	
13.	3 + 3 =			35.	2 × 8 =	
14.	2 × 3 =			36.	8 × 2 =	
15.	3 × 2 =			37.	7 + 7 =	
16.	2 + 2 + 2 + 2 + 2 =			38.	2 × 7 =	
17.	5 × 2 =			39.	7 × 2 =	
18.	2 × 5 =			40.	9 + 9 =	
19.	5 + 5 + 5 + 5 =			41.	2 × 9 =	
20.	4 × 5 =			42.	9 × 2 =	
21.	5 × 4 =			43.	6 + 6 + 6 + 6 =	
22.	2 × 2 =			44.	4 × 6 =	

Lesson 4: Understand the meaning of the unknown as the size of the group in division.

13

Multiply.

2 x 1 = _____   2 x 2 = _____   2 x 3 = _____   2 x 4 = _____

2 x 5 = _____   2 x 6 = _____   2 x 7 = _____   2 x 8 = _____

2 x 9 = _____   2 x 10 = _____   2 x 5 = _____   2 x 6 = _____

2 x 5 = _____   2 x 7 = _____   2 x 5 = _____   2 x 8 = _____

2 x 5 = _____   2 x 9 = _____   2 x 5 = _____   2 x 10 = _____

2 x 6 = _____   2 x 5 = _____   2 x 6 = _____   2 x 7 = _____

2 x 6 = _____   2 x 8 = _____   2 x 6 = _____   2 x 9 = _____

2 x 6 = _____   2 x 7 = _____   2 x 6 = _____   2 x 7 = _____

2 x 8 = _____   2 x 7 = _____   2 x 9 = _____   2 x 7 = _____

2 x 8 = _____   2 x 6 = _____   2 x 8 = _____   2 x 7 = _____

2 x 8 = _____   2 x 9 = _____   2 x 9 = _____   2 x 6 = _____

2 x 9 = _____   2 x 7 = _____   2 x 9 = _____   2 x 8 = _____

2 x 9 = _____   2 x 8 = _____   2 x 6 = _____   2 x 9 = _____

2 x 7 = _____   2 x 9 = _____   2 x 6 = _____   2 x 8 = _____

2 x 9 = _____   2 x 7 = _____   2 x 6 = _____   2 x 8 = _____

multiply by 2 (6–10)

EUREKA MATH™   **Lesson 10:**   Model the distributive property with arrays to decompose units as a strategy to multiply.   **19**

©2015 Great Minds®. eureka-math.org

Multiply.

3 x 1 = _____	3 x 2 = _____	3 x 3 = _____	3 x 4 = _____
3 x 5 = _____	3 x 1 = _____	3 x 2 = _____	3 x 1 = _____
3 x 3 = _____	3 x 1 = _____	3 x 4 = _____	3 x 1 = _____
3 x 5 = _____	3 x 1 = _____	3 x 2 = _____	3 x 3 = _____
3 x 2 = _____	3 x 4 = _____	3 x 2 = _____	3 x 5 = _____
3 x 2 = _____	3 x 1 = _____	3 x 2 = _____	3 x 3 = _____
3 x 1 = _____	3 x 3 = _____	3 x 2 = _____	3 x 3 = _____
3 x 4 = _____	3 x 3 = _____	3 x 5 = _____	3 x 3 = _____
3 x 4 = _____	3 x 1 = _____	3 x 4 = _____	3 x 2 = _____
3 x 4 = _____	3 x 3 = _____	3 x 4 = _____	3 x 5 = _____
3 x 4 = _____	3 x 5 = _____	3 x 1 = _____	3 x 5 = _____
3 x 2 = _____	3 x 5 = _____	3 x 3 = _____	3 x 5 = _____
3 x 4 = _____	3 x 2 = _____	3 x 4 = _____	3 x 3 = _____
3 x 5 = _____	3 x 3 = _____	3 x 2 = _____	3 x 4 = _____
3 x 3 = _____	3 x 5 = _____	3 x 2 = _____	3 x 4 = _____

multiply by 3 (1–5)

Lesson 11:   Model division as the unknown factor in multiplication using arrays and tape diagrams.

21

©2015 Great Minds®. eureka-math.org

Multiply.

3 x 1 = _____   3 x 2 = _____   3 x 3 = _____   3 x 4 = _____

3 x 5 = _____   3 x 6 = _____   3 x 7 = _____   3 x 8 = _____

3 x 9 = _____   3 x 10 = _____   3 x 5 = _____   3 x 6 = _____

3 x 5 = _____   3 x 7 = _____   3 x 5 = _____   3 x 8 = _____

3 x 5 = _____   3 x 9 = _____   3 x 5 = _____   3 x 10 = _____

3 x 6 = _____   3 x 5 = _____   3 x 6 = _____   3 x 7 = _____

3 x 6 = _____   3 x 8 = _____   3 x 6 = _____   3 x 9 = _____

3 x 6 = _____   3 x 7 = _____   3 x 6 = _____   3 x 7 = _____

3 x 8 = _____   3 x 7 = _____   3 x 9 = _____   3 x 7 = _____

3 x 8 = _____   3 x 6 = _____   3 x 8 = _____   3 x 7 = _____

3 x 8 = _____   3 x 9 = _____   3 x 9 = _____   3 x 6 = _____

3 x 9 = _____   3 x 7 = _____   3 x 9 = _____   3 x 8 = _____

3 x 9 = _____   3 x 8 = _____   3 x 6 = _____   3 x 9 = _____

3 x 7 = _____   3 x 9 = _____   3 x 6 = _____   3 x 8 = _____

3 x 9 = _____   3 x 7 = _____   3 x 6 = _____   3 x 8 = _____

multiply by 3 (6–10)

EUREKA MATH™

Lesson 12: Interpret the quotient as the number of groups or the number of objects in each group using units of 2.

©2015 Great Minds®. eureka-math.org

23

A

Number Correct: _____

Multiply or Divide by 2

1.	2 × 2 =		23.	__ × 2 = 20	
2.	3 × 2 =		24.	__ × 2 = 4	
3.	4 × 2 =		25.	__ × 2 = 6	
4.	5 × 2 =		26.	20 ÷ 2 =	
5.	1 × 2 =		27.	10 ÷ 2 =	
6.	4 ÷ 2 =		28.	2 ÷ 1 =	
7.	6 ÷ 2 =		29.	4 ÷ 2 =	
8.	10 ÷ 2 =		30.	6 ÷ 2 =	
9.	2 ÷ 1 =		31.	__ × 2 = 12	
10.	8 ÷ 2 =		32.	__ × 2 = 14	
11.	6 × 2 =		33.	__ × 2 = 18	
12.	7 × 2 =		34.	__ × 2 = 16	
13.	8 × 2 =		35.	14 ÷ 2 =	
14.	9 × 2 =		36.	18 ÷ 2 =	
15.	10 × 2 =		37.	12 ÷ 2 =	
16.	16 ÷ 2 =		38.	16 ÷ 2 =	
17.	14 ÷ 2 =		39.	11 × 2 =	
18.	18 ÷ 2 =		40.	22 ÷ 2 =	
19.	12 ÷ 2 =		41.	12 × 2 =	
20.	20 ÷ 2 =		42.	24 ÷ 2 =	
21.	__ × 2 = 10		43.	14 × 2 =	
22.	__ × 2 = 12		44.	28 ÷ 2 =	

Lesson 13:   Interpret the quotient as the number of groups or the number of objects in each group using units of 3.

B

Number Correct: _____

Improvement: _____

Multiply or Divide by 2

1.	$1 \times 2 =$	
2.	$2 \times 2 =$	
3.	$3 \times 2 =$	
4.	$4 \times 2 =$	
5.	$5 \times 2 =$	
6.	$6 \div 2 =$	
7.	$4 \div 2 =$	
8.	$8 \div 2 =$	
9.	$2 \div 1 =$	
10.	$10 \div 2 =$	
11.	$10 \times 2 =$	
12.	$6 \times 2 =$	
13.	$7 \times 2 =$	
14.	$8 \times 2 =$	
15.	$9 \times 2 =$	
16.	$14 \div 2 =$	
17.	$12 \div 2 =$	
18.	$16 \div 2 =$	
19.	$20 \div 2 =$	
20.	$18 \div 2 =$	
21.	$\_\_ \times 2 = 12$	
22.	$\_\_ \times 2 = 10$	

23.	$\_\_ \times 2 = 4$	
24.	$\_\_ \times 2 = 20$	
25.	$\_\_ \times 2 = 6$	
26.	$4 \div 2 =$	
27.	$2 \div 1 =$	
28.	$20 \div 2 =$	
29.	$10 \div 2 =$	
30.	$6 \div 2 =$	
31.	$\_\_ \times 2 = 12$	
32.	$\_\_ \times 2 = 16$	
33.	$\_\_ \times 2 = 18$	
34.	$\_\_ \times 2 = 14$	
35.	$16 \div 2 =$	
36.	$18 \div 2 =$	
37.	$12 \div 2 =$	
38.	$14 \div 2 =$	
39.	$11 \times 2 =$	
40.	$22 \div 2 =$	
41.	$12 \times 2 =$	
42.	$24 \div 2 =$	
43.	$13 \times 2 =$	
44.	$26 \div 2 =$	

Lesson 13:   Interpret the quotient as the number of groups or the number of objects in each group using units of 3.

27

A

Number Correct: _____

Multiply or Divide by 3

1.	2 × 3 =	
2.	3 × 3 =	
3.	4 × 3 =	
4.	5 × 3 =	
5.	1 × 3 =	
6.	6 ÷ 3 =	
7.	9 ÷ 3 =	
8.	15 ÷ 3 =	
9.	3 ÷ 1 =	
10.	12 ÷ 3 =	
11.	6 × 3 =	
12.	7 × 3 =	
13.	8 × 3 =	
14.	9 × 3 =	
15.	10 × 3 =	
16.	24 ÷ 3 =	
17.	21 ÷ 3 =	
18.	27 ÷ 3 =	
19.	18 ÷ 3 =	
20.	30 ÷ 3 =	
21.	__ × 3 = 15	
22.	__ × 3 = 12	

23.	__ × 3 = 30	
24.	__ × 3 = 6	
25.	__ × 3 = 9	
26.	30 ÷ 3 =	
27.	15 ÷ 3 =	
28.	3 ÷ 1 =	
29.	6 ÷ 3 =	
30.	9 ÷ 3 =	
31.	__ × 3 = 18	
32.	__ × 3 = 21	
33.	__ × 3 = 27	
34.	__ × 3 = 24	
35.	21 ÷ 3 =	
36.	27 ÷ 3 =	
37.	18 ÷ 3 =	
38.	24 ÷ 3 =	
39.	11 × 3 =	
40.	33 ÷ 3 =	
41.	12 × 3 =	
42.	36 ÷ 3 =	
43.	13 × 3 =	
44.	39 ÷ 3 =	

Lesson 14: Skip-count objects in models to build fluency with multiplication facts using units of 4.

29

B

Number Correct: _____

Improvement: _____

Multiply or Divide by 3

1.	1 × 3 =	
2.	2 × 3 =	
3.	3 × 3 =	
4.	4 × 3 =	
5.	5 × 3 =	
6.	9 ÷ 3 =	
7.	6 ÷ 3 =	
8.	12 ÷ 3 =	
9.	3 ÷ 1 =	
10.	15 ÷ 3 =	
11.	10 × 3 =	
12.	6 × 3 =	
13.	7 × 3 =	
14.	8 × 3 =	
15.	9 × 3 =	
16.	21 ÷ 3 =	
17.	18 ÷ 3 =	
18.	24 ÷ 3 =	
19.	30 ÷ 3 =	
20.	27 ÷ 3 =	
21.	__ × 3 = 12	
22.	__ × 3 = 15	

23.	__ × 3 = 6	
24.	__ × 3 = 30	
25.	__ × 3 = 9	
26.	6 ÷ 3 =	
27.	3 ÷ 1 =	
28.	30 ÷ 3 =	
29.	15 ÷ 3 =	
30.	9 ÷ 3 =	
31.	__ × 3 = 18	
32.	__ × 3 = 24	
33.	__ × 3 = 27	
34.	__ × 3 = 21	
35.	24 ÷ 3 =	
36.	27 ÷ 3 =	
37.	18 ÷ 3 =	
38.	21 ÷ 3 =	
39.	11 × 3 =	
40.	33 ÷ 3 =	
41.	12 × 3 =	
42.	36 ÷ 3 =	
43.	13 × 3 =	
44.	39 ÷ 3 =	

EUREKA MATH™

Lesson 14:   Skip-count objects in models to build fluency with multiplication facts using units of 4.

31

Multiply.

4 x 1 = _____	4 x 2 = _____	4 x 3 = _____	4 x 4 = _____
4 x 5 = _____	4 x 1 = _____	4 x 2 = _____	4 x 1 = _____
4 x 3 = _____	4 x 1 = _____	4 x 4 = _____	4 x 1 = _____
4 x 5 = _____	4 x 1 = _____	4 x 2 = _____	4 x 3 = _____
4 x 2 = _____	4 x 4 = _____	4 x 2 = _____	4 x 5 = _____
4 x 2 = _____	4 x 1 = _____	4 x 2 = _____	4 x 3 = _____
4 x 1 = _____	4 x 3 = _____	4 x 2 = _____	4 x 3 = _____
4 x 4 = _____	4 x 3 = _____	4 x 5 = _____	4 x 3 = _____
4 x 4 = _____	4 x 1 = _____	4 x 4 = _____	4 x 2 = _____
4 x 4 = _____	4 x 3 = _____	4 x 4 = _____	4 x 5 = _____
4 x 4 = _____	4 x 5 = _____	4 x 1 = _____	4 x 5 = _____
4 x 2 = _____	4 x 5 = _____	4 x 3 = _____	4 x 5 = _____
4 x 4 = _____	4 x 2 = _____	4 x 4 = _____	4 x 3 = _____
4 x 5 = _____	4 x 3 = _____	4 x 2 = _____	4 x 4 = _____
4 x 3 = _____	4 x 5 = _____	4 x 2 = _____	4 x 4 = _____

multiply by 4 (1–5)

Lesson 15:   Relate arrays to tape diagrams to model the commutative property of multiplication.

33

Multiply.

4 x 1 = _____   4 x 2 = _____   4 x 3 = _____   4 x 4 = _____

4 x 5 = _____   4 x 6 = _____   4 x 7 = _____   4 x 8 = _____

4 x 9 = _____   4 x 10 = _____   4 x 6 = _____   4 x 7 = _____

4 x 6 = _____   4 x 8 = _____   4 x 6 = _____   4 x 9 = _____

4 x 6 = _____   4 x 10 = _____   4 x 6 = _____   4 x 7 = _____

4 x 6 = _____   4 x 7 = _____   4 x 8 = _____   4 x 7 = _____

4 x 9 = _____   4 x 7 = _____   4 x 10 = _____   4 x 7 = _____

4 x 8 = _____   4 x 6 = _____   4 x 8 = _____   4 x 7 = _____

4 x 8 = _____   4 x 9 = _____   4 x 8 = _____   4 x 10 = _____

4 x 8 = _____   4 x 9 = _____   4 x 6 = _____   4 x 9 = _____

4 x 7 = _____   4 x 9 = _____   4 x 8 = _____   4 x 9 = _____

4 x 10 = _____   4 x 9 = _____   4 x 10 = _____   4 x 6 = _____

4 x 10 = _____   4 x 7 = _____   4 x 10 = _____   4 x 8 = _____

4 x 10 = _____   4 x 9 = _____   4 x 10 = _____   4 x 6 = _____

4 x 8 = _____   4 x 10 = _____   4 x 7 = _____   4 x 9 = _____

multiply by 4 (6–10)

A

Number Correct: _____

Multiply or Divide by 4

1.	2 × 4 =	
2.	3 × 4 =	
3.	4 × 4 =	
4.	5 × 4 =	
5.	1 × 4 =	
6.	8 ÷ 4 =	
7.	12 ÷ 4 =	
8.	20 ÷ 4 =	
9.	4 ÷ 1 =	
10.	16 ÷ 4 =	
11.	6 × 4 =	
12.	7 × 4 =	
13.	8 × 4 =	
14.	9 × 4 =	
15.	10 × 4 =	
16.	32 ÷ 4 =	
17.	28 ÷ 4 =	
18.	36 ÷ 4 =	
19.	24 ÷ 4 =	
20.	40 ÷ 4 =	
21.	__ × 4 = 20	
22.	__ × 4 = 24	

23.	__ × 4 = 40	
24.	__ × 4 = 8	
25.	__ × 4 = 12	
26.	40 ÷ 4 =	
27.	20 ÷ 4 =	
28.	4 ÷ 1 =	
29.	8 ÷ 4 =	
30.	12 ÷ 4 =	
31.	__ × 4 = 16	
32.	__ × 4 = 28	
33.	__ × 4 = 36	
34.	__ × 4 = 32	
35.	28 ÷ 4 =	
36.	36 ÷ 4 =	
37.	24 ÷ 4 =	
38.	32 ÷ 4 =	
39.	11 × 4 =	
40.	44 ÷ 4 =	
41.	12 ÷ 4 =	
42.	48 ÷ 4 =	
43.	14 × 4 =	
44.	56 ÷ 4 =	

Lesson 17: Model the relationship between multiplication and division.

37

B

Number Correct: _____

Improvement: _____

Multiply or Divide by 4

1.	1 × 4 =	
2.	2 × 4 =	
3.	3 × 4 =	
4.	4 × 4 =	
5.	5 × 4 =	
6.	12 ÷ 4 =	
7.	8 ÷ 4 =	
8.	16 ÷ 4 =	
9.	4 ÷ 1 =	
10.	20 ÷ 4 =	
11.	10 × 4 =	
12.	6 × 4 =	
13.	7 × 4 =	
14.	8 × 4 =	
15.	9 × 4 =	
16.	28 ÷ 4 =	
17.	24 ÷ 4 =	
18.	32 ÷ 4 =	
19.	40 ÷ 4 =	
20.	36 ÷ 4 =	
21.	__ × 4 = 16	
22.	__ × 4 = 20	

23.	__ × 4 = 8	
24.	__ × 4 = 40	
25.	__ × 4 = 12	
26.	8 ÷ 4 =	
27.	4 ÷ 1 =	
28.	40 ÷ 4 =	
29.	20 ÷ 4 =	
30.	12 ÷ 4 =	
31.	__ × 4 = 12	
32.	__ × 4 = 24	
33.	__ × 4 = 36	
34.	__ × 4 = 28	
35.	32 ÷ 4 =	
36.	36 ÷ 4 =	
37.	24 ÷ 4 =	
38.	28 ÷ 4 =	
39.	11 × 4 =	
40.	44 ÷ 4 =	
41.	12 × 4 =	
42.	48 ÷ 4 =	
43.	13 × 4 =	
44.	52 ÷ 4 =	

A

Number Correct: _____

Add or Subtract Using 5

1.	0 + 5 =		23.	10 + 5 =	
2.	5 + 5 =		24.	15 + 5 =	
3.	10 + 5 =		25.	20 + 5 =	
4.	15 + 5 =		26.	25 + 5 =	
5.	20 + 5 =		27.	30 + 5 =	
6.	25 + 5 =		28.	35 + 5 =	
7.	30 + 5 =		29.	40 + 5 =	
8.	35 + 5 =		30.	45 + 5 =	
9.	40 + 5 =		31.	0 + 50 =	
10.	45 + 5 =		32.	50 + 50 =	
11.	50 − 5 =		33.	50 + 5 =	
12.	45 − 5 =		34.	55 + 5 =	
13.	40 − 5 =		35.	60 − 5 =	
14.	35 − 5 =		36.	55 − 5 =	
15.	30 − 5 =		37.	60 + 5 =	
16.	25 − 5 =		38.	65 + 5 =	
17.	20 − 5 =		39.	70 − 5 =	
18.	15 − 5 =		40.	65 − 5 =	
19.	10 − 5 =		41.	100 + 50 =	
20.	5 − 5 =		42.	150 + 50 =	
21.	5 + 0 =		43.	200 − 50 =	
22.	5 + 5 =		44.	150 − 50 =	

B

Number Correct: _____

Improvement: _____

Add or Subtract Using 5

1.	5 + 0 =		23.	10 + 5 =	
2.	5 + 5 =		24.	15 + 5 =	
3.	5 + 10 =		25.	20 + 5 =	
4.	5 + 15 =		26.	25 + 5 =	
5.	5 + 20 =		27.	30 + 5 =	
6.	5 + 25 =		28.	35 + 5 =	
7.	5 + 30 =		29.	40 + 5 =	
8.	5 + 35 =		30.	45 + 5 =	
9.	5 + 40 =		31.	50 + 0 =	
10.	5 + 45 =		32.	50 + 50 =	
11.	50 − 5 =		33.	5 + 50 =	
12.	45 − 5 =		34.	5 + 55 =	
13.	40 − 5 =		35.	60 − 5 =	
14.	35 − 5 =		36.	55 − 5 =	
15.	30 − 5 =		37.	5 + 60 =	
16.	25 − 5 =		38.	5 + 65 =	
17.	20 − 5 =		39.	70 − 5 =	
18.	15 − 5 =		40.	65 − 5 =	
19.	10 − 5 =		41.	50 + 100 =	
20.	5 − 5 =		42.	50 + 150 =	
21.	0 + 5 =		43.	200 − 50 =	
22.	5 + 5 =		44.	150 − 50 =	

A

Number Correct: _____

Skip-Count by 5

1.	0, 5, __	
2.	5, 10, __	
3.	10, 15, __	
4.	15, 20, __	
5.	20, 25, __	
6.	25, 30, __	
7.	30, 35, __	
8.	35, 40, __	
9.	40, 45, __	
10.	50, 45, __	
11.	45, 40, __	
12.	40, 35, __	
13.	35, 30, __	
14.	30, 25, __	
15.	25, 20, __	
16.	20, 15, __	
17.	15, 10, __	
18.	0, __, 10	
19.	25, __, 35	
20.	5, __, 15	
21.	30, __, 40	
22.	10, __, 20	

23.	35, __, 45	
24.	15, __, 25	
25.	40, __, 50	
26.	25, __, 15	
27.	50, __, 40	
28.	20, __, 10	
29.	45, __, 35	
30.	15, __, 5	
31.	40, __, 30	
32.	10, __, 0	
33.	35, __, 25	
34.	__, 10, 5	
35.	__, 35, 30	
36.	__, 15, 10	
37.	__, 40, 35	
38.	__, 20, 15	
39.	__, 45, 40	
40.	50, 55, __	
41.	45, 50, __	
42.	65, __, 55	
43.	55, 60, __	
44.	60, 65, __	

Lesson 20:   Solve two-step word problems involving multiplication and division, and assess the reasonableness of answers.

45

Multiply.

5 x 1 = _____   5 x 2 = _____   5 x 3 = _____   5 x 4 = _____

5 x 5 = _____   5 x 1 = _____   5 x 2 = _____   5 x 1 = _____

5 x 3 = _____   5 x 1 = _____   5 x 4 = _____   5 x 1 = _____

5 x 5 = _____   5 x 1 = _____   5 x 2 = _____   5 x 3 = _____

5 x 2 = _____   5 x 4 = _____   5 x 2 = _____   5 x 5 = _____

5 x 2 = _____   5 x 1 = _____   5 x 2 = _____   5 x 3 = _____

5 x 1 = _____   5 x 3 = _____   5 x 2 = _____   5 x 3 = _____

5 x 4 = _____   5 x 3 = _____   5 x 5 = _____   5 x 3 = _____

5 x 4 = _____   5 x 1 = _____   5 x 4 = _____   5 x 2 = _____

5 x 4 = _____   5 x 3 = _____   5 x 4 = _____   5 x 5 = _____

5 x 4 = _____   5 x 5 = _____   5 x 1 = _____   5 x 5 = _____

5 x 2 = _____   5 x 5 = _____   5 x 3 = _____   5 x 5 = _____

5 x 4 = _____   5 x 2 = _____   5 x 4 = _____   5 x 3 = _____

5 x 5 = _____   5 x 3 = _____   5 x 2 = _____   5 x 4 = _____

5 x 3 = _____   5 x 5 = _____   5 x 2 = _____   5 x 4 = _____

multiply by 5 (1–5)

Lesson 21:   Solve two-step word problems involving all four operations, and assess the reasonableness of answers.

49

Grade 3
Module 2

A

Number Correct: _____

Find the Halfway Point

1.	0	_____	10
2.	10	_____	20
3.	20	_____	30
4.	70	_____	80
5.	80	_____	70
6.	40	_____	50
7.	50	_____	40
8.	30	_____	40
9.	40	_____	30
10.	70	_____	60
11.	60	_____	70
12.	80	_____	90
13.	90	_____	100
14.	100	_____	90
15.	90	_____	80
16.	50	_____	60
17.	150	_____	160
18.	250	_____	260
19.	750	_____	760
20.	760	_____	750
21.	80	_____	90
22.	180	_____	190

23.	280	_____	290
24.	580	_____	590
25.	590	_____	580
26.	30	_____	40
27.	930	_____	940
28.	70	_____	60
29.	470	_____	460
30.	90	_____	100
31.	890	_____	900
32.	990	_____	1,000
33.	1,000	_____	1,010
34.	70	_____	80
35.	1,070	_____	1,080
36.	1,570	_____	1,580
37.	480	_____	490
38.	1,480	_____	1,490
39.	1,080	_____	1,090
40.	360	_____	350
41.	1,790	_____	1,780
42.	400	_____	390
43.	1,840	_____	1,830
44.	1,110	_____	1,100

EUREKA
MATH™

Lesson 14: Round to the nearest hundred on the vertical number line.

B

Find the Halfway Point

1.	10	_____	20
2.	20	_____	30
3.	30	_____	40
4.	60	_____	70
5.	70	_____	60
6.	50	_____	60
7.	60	_____	50
8.	40	_____	50
9.	50	_____	40
10.	80	_____	70
11.	70	_____	80
12.	80	_____	90
13.	90	_____	100
14.	100	_____	90
15.	90	_____	80
16.	60	_____	70
17.	160	_____	170
18.	260	_____	270
19.	560	_____	570
20.	570	_____	560
21.	70	_____	80
22.	170	_____	180

23.	270	_____	280
24.	670	_____	680
25.	680	_____	670
26.	20	_____	30
27.	920	_____	930
28.	60	_____	50
29.	460	_____	450
30.	90	_____	100
31.	890	_____	900
32.	990	_____	1,000
33.	1,000	_____	1,010
34.	20	_____	30
35.	1,020	_____	1,030
36.	1,520	_____	1,530
37.	380	_____	390
38.	1,380	_____	1,390
39.	1,080	_____	1,090
40.	760	_____	750
41.	1,690	_____	1,680
42.	300	_____	290
43.	1,850	_____	1,840
44.	1,220	_____	1,210

Lesson 14: Round to the nearest hundred on the vertical number line.

55

©2015 Great Minds®. eureka-math.org

A

Number Correct: _____

Round to the Nearest Ten

1.	21 ≈		23.	79 ≈	
2.	31 ≈		24.	89 ≈	
3.	41 ≈		25.	99 ≈	
4.	81 ≈		26.	109 ≈	
5.	59 ≈		27.	119 ≈	
6.	49 ≈		28.	149 ≈	
7.	39 ≈		29.	311 ≈	
8.	19 ≈		30.	411 ≈	
9.	36 ≈		31.	519 ≈	
10.	34 ≈		32.	619 ≈	
11.	56 ≈		33.	629 ≈	
12.	54 ≈		34.	639 ≈	
13.	77 ≈		35.	669 ≈	
14.	73 ≈		36.	969 ≈	
15.	68 ≈		37.	979 ≈	
16.	62 ≈		38.	989 ≈	
17.	25 ≈		39.	999 ≈	
18.	35 ≈		40.	1,109 ≈	
19.	45 ≈		41.	1,119 ≈	
20.	75 ≈		42.	3,227 ≈	
21.	85 ≈		43.	5,487 ≈	
22.	15 ≈		44.	7,885 ≈	

 EUREKA MATH™   **Lesson 17:** Estimate sums by rounding and apply to solve measurement word problems.

©2015 Great Minds®. eureka-math.org   57

B

Number Correct: _____

Improvement: _____

Round to the Nearest Ten

1.	11 ≈	
2.	21 ≈	
3.	31 ≈	
4.	71 ≈	
5.	69 ≈	
6.	59 ≈	
7.	49 ≈	
8.	19 ≈	
9.	26 ≈	
10.	24 ≈	
11.	46 ≈	
12.	44 ≈	
13.	87 ≈	
14.	83 ≈	
15.	78 ≈	
16.	72 ≈	
17.	15 ≈	
18.	25 ≈	
19.	35 ≈	
20.	75 ≈	
21.	85 ≈	
22.	45 ≈	

23.	79 ≈	
24.	89 ≈	
25.	99 ≈	
26.	109 ≈	
27.	119 ≈	
28.	159 ≈	
29.	211 ≈	
30.	311 ≈	
31.	418 ≈	
32.	518 ≈	
33.	528 ≈	
34.	538 ≈	
35.	568 ≈	
36.	968 ≈	
37.	978 ≈	
38.	988 ≈	
39.	998 ≈	
40.	1,108 ≈	
41.	1,118 ≈	
42.	2,337 ≈	
43.	4,578 ≈	
44.	8,785 ≈	

Lesson 17: Estimate sums by rounding and apply to solve measurement word problems.

59

©2015 Great Minds®. eureka-math.org

A

Number Correct: _____

Round to the Nearest Hundred

1.	201 ≈	
2.	301 ≈	
3.	401 ≈	
4.	801 ≈	
5.	1,801 ≈	
6.	2,801 ≈	
7.	3,801 ≈	
8.	7,801 ≈	
9.	290 ≈	
10.	390 ≈	
11.	490 ≈	
12.	890 ≈	
13.	1,890 ≈	
14.	2,890 ≈	
15.	3,890 ≈	
16.	7,890 ≈	
17.	512 ≈	
18.	2,512 ≈	
19.	423 ≈	
20.	3,423 ≈	
21.	677 ≈	
22.	4,677 ≈	

23.	350 ≈	
24.	1,350 ≈	
25.	450 ≈	
26.	5,450 ≈	
27.	850 ≈	
28.	6,850 ≈	
29.	649 ≈	
30.	651 ≈	
31.	691 ≈	
32.	791 ≈	
33.	891 ≈	
34.	991 ≈	
35.	995 ≈	
36.	998 ≈	
37.	9,998 ≈	
38.	7,049 ≈	
39.	4,051 ≈	
40.	8,350 ≈	
41.	3,572 ≈	
42.	9,754 ≈	
43.	2,915 ≈	
44.	9,996 ≈	

Lesson 20: Estimate differences by rounding and apply to solve measurement word problems.

61

B

Number Correct: _____

Improvement: _____

Round to the Nearest Hundred

1.	101 ≈	
2.	201 ≈	
3.	301 ≈	
4.	701 ≈	
5.	1,701 ≈	
6.	2,701 ≈	
7.	3,701 ≈	
8.	8,701 ≈	
9.	190 ≈	
10.	290 ≈	
11.	390 ≈	
12.	790 ≈	
13.	1,790 ≈	
14.	2,790 ≈	
15.	3,790 ≈	
16.	8,790 ≈	
17.	412 ≈	
18.	2,412 ≈	
19.	523 ≈	
20.	3,523 ≈	
21.	877 ≈	
22.	4,877 ≈	

23.	250 ≈	
24.	1,250 ≈	
25.	350 ≈	
26.	5,350 ≈	
27.	750 ≈	
28.	6,750 ≈	
29.	649 ≈	
30.	652 ≈	
31.	692 ≈	
32.	792 ≈	
33.	892 ≈	
34.	992 ≈	
35.	996 ≈	
36.	999 ≈	
37.	9,999 ≈	
38.	4,049 ≈	
39.	2,051 ≈	
40.	7,350 ≈	
41.	4,572 ≈	
42.	8,754 ≈	
43.	3,915 ≈	
44.	9,997 ≈	

Lesson 20: Estimate differences by rounding and apply to solve measurement word problems.

63

Grade 3
Module 3

A

Number Correct: _____

Mixed Multiplication

1.	2 × 1 =	
2.	2 × 2 =	
3.	2 × 3 =	
4.	4 × 1 =	
5.	4 × 2 =	
6.	4 × 3 =	
7.	1 × 6 =	
8.	2 × 6 =	
9.	1 × 8 =	
10.	2 × 8 =	
11.	3 × 1 =	
12.	3 × 2 =	
13.	3 × 3 =	
14.	5 × 1 =	
15.	5 × 2 =	
16.	5 × 3 =	
17.	1 × 7 =	
18.	2 × 7 =	
19.	1 × 9 =	
20.	2 × 9 =	
21.	2 × 5 =	
22.	2 × 6 =	

23.	2 × 7 =	
24.	5 × 5 =	
25.	5 × 6 =	
26.	5 × 7 =	
27.	4 × 5 =	
28.	4 × 6 =	
29.	4 × 7 =	
30.	3 × 5 =	
31.	3 × 6 =	
32.	3 × 7 =	
33.	2 × 7 =	
34.	2 × 8 =	
35.	2 × 9 =	
36.	5 × 7 =	
37.	5 × 8 =	
38.	5 × 9 =	
39.	4 × 7 =	
40.	4 × 8 =	
41.	4 × 9 =	
42.	3 × 7 =	
43.	3 × 8 =	
44.	3 × 9 =	

Lesson 1:   Study commutativity to find known facts of 6, 7, 8, and 9.

67

B

Number Correct: _____

Improvement: _____

Mixed Multiplication

1.	5 × 1 =		23.	5 × 7 =	
2.	5 × 2 =		24.	2 × 5 =	
3.	5 × 3 =		25.	2 × 6 =	
4.	3 × 1 =		26.	2 × 7 =	
5.	3 × 2 =		27.	3 × 5 =	
6.	3 × 3 =		28.	3 × 6 =	
7.	1 × 7 =		29.	3 × 7 =	
8.	2 × 7 =		30.	4 × 5 =	
9.	1 × 9 =		31.	4 × 6 =	
10.	2 × 9 =		32.	4 × 7 =	
11.	2 × 1 =		33.	5 × 7 =	
12.	2 × 2 =		34.	5 × 8 =	
13.	2 × 3 =		35.	5 × 9 =	
14.	4 × 1 =		36.	2 × 7 =	
15.	4 × 2 =		37.	2 × 8 =	
16.	4 × 3 =		38.	2 × 9 =	
17.	1 × 6 =		39.	3 × 7 =	
18.	2 × 6 =		40.	3 × 8 =	
19.	1 × 8 =		41.	3 × 9 =	
20.	2 × 8 =		42.	4 × 7 =	
21.	5 × 5 =		43.	4 × 8 =	
22.	5 × 6 =		44.	4 × 9 =	

Lesson 1:   Study commutativity to find known facts of 6, 7, 8, and 9.

A

Number Correct: _____

Use the Commutative Property to Multiply

1.	2 × 2 =		23.	5 × 6 =	
2.	2 × 3 =		24.	6 × 5 =	
3.	3 × 2 =		25.	5 × 7 =	
4.	2 × 4 =		26.	7 × 5 =	
5.	4 × 2 =		27.	5 × 8 =	
6.	2 × 5 =		28.	8 × 5 =	
7.	5 × 2 =		29.	5 × 9 =	
8.	2 × 6 =		30.	9 × 5 =	
9.	6 × 2 =		31.	5 × 10 =	
10.	2 × 7 =		32.	10 × 5 =	
11.	7 × 2 =		33.	3 × 3 =	
12.	2 × 8 =		34.	3 × 4 =	
13.	8 × 2 =		35.	4 × 3 =	
14.	2 × 9 =		36.	3 × 6 =	
15.	9 × 2 =		37.	6 × 3 =	
16.	2 × 10 =		38.	3 × 7 =	
17.	10 × 2 =		39.	7 × 3 =	
18.	5 × 3 =		40.	3 × 8 =	
19.	3 × 5 =		41.	8 × 3 =	
20.	5 × 4 =		42.	3 × 9 =	
21.	4 × 5 =		43.	9 × 3 =	
22.	5 × 5 =		44.	4 × 4 =	

Lesson 2: Apply the distributive and commutative properties to relate multiplication facts 5 × n + n to 6 × n and n × 6 where n is the size of the unit.

71

B

Number Correct: _____

Improvement: _____

Use the Commutative Property to Multiply

1.	5 × 2 =	
2.	2 × 5 =	
3.	5 × 3 =	
4.	3 × 5 =	
5.	5 × 4 =	
6.	4 × 5 =	
7.	5 × 5 =	
8.	5 × 6 =	
9.	6 × 5 =	
10.	5 × 7 =	
11.	7 × 5 =	
12.	5 × 8 =	
13.	8 × 5 =	
14.	5 × 9 =	
15.	9 × 5 =	
16.	5 × 10 =	
17.	10 × 5 =	
18.	2 × 2 =	
19.	2 × 3 =	
20.	3 × 2 =	
21.	2 × 4 =	
22.	4 × 2 =	

23.	6 × 2 =	
24.	2 × 6 =	
25.	2 × 7 =	
26.	7 × 2 =	
27.	2 × 8 =	
28.	8 × 2 =	
29.	2 × 9 =	
30.	9 × 2 =	
31.	2 × 10 =	
32.	10 × 2 =	
33.	3 × 3 =	
34.	3 × 4 =	
35.	4 × 3 =	
36.	3 × 6 =	
37.	6 × 3 =	
38.	3 × 7 =	
39.	7 × 3 =	
40.	3 × 8 =	
41.	8 × 3 =	
42.	3 × 9 =	
43.	9 × 3 =	
44.	4 × 4 =	

Lesson 2: Apply the distributive and commutative properties to relate
multiplication facts 5 × n + n to 6 × n and n × 6 where n is the size
of the unit.

©2015 Great Minds®. eureka-math.org

73

Multiply.

6 x 1 = _____   6 x 2 = _____   6 x 3 = _____   6 x 4 = _____

6 x 5 = _____   6 x 1 = _____   6 x 2 = _____   6 x 1 = _____

6 x 3 = _____   6 x 1 = _____   6 x 4 = _____   6 x 1 = _____

6 x 5 = _____   6 x 1 = _____   6 x 2 = _____   6 x 3 = _____

6 x 2 = _____   6 x 4 = _____   6 x 2 = _____   6 x 5 = _____

6 x 2 = _____   6 x 1 = _____   6 x 2 = _____   6 x 3 = _____

6 x 1 = _____   6 x 3 = _____   6 x 2 = _____   6 x 3 = _____

6 x 4 = _____   6 x 3 = _____   6 x 5 = _____   6 x 3 = _____

6 x 4 = _____   6 x 1 = _____   6 x 4 = _____   6 x 2 = _____

6 x 4 = _____   6 x 3 = _____   6 x 4 = _____   6 x 5 = _____

6 x 4 = _____   6 x 5 = _____   6 x 1 = _____   6 x 5 = _____

6 x 2 = _____   6 x 5 = _____   6 x 3 = _____   6 x 5 = _____

6 x 4 = _____   6 x 2 = _____   6 x 4 = _____   6 x 3 = _____

6 x 5 = _____   6 x 3 = _____   6 x 2 = _____   6 x 4 = _____

6 x 3 = _____   6 x 5 = _____   6 x 2 = _____   6 x 4 = _____

_____

multiply by 6 (1–5)

Lesson 5:   Count by units of 7 to multiply and divide using number bonds
to decompose.

75

Multiply.

6 x 1 = _____   6 x 2 = _____   6 x 3 = _____   6 x 4 = _____

6 x 5 = _____   6 x 6 = _____   6 x 7 = _____   6 x 8 = _____

6 x 9 = _____   6 x 10 = _____   6 x 5 = _____   6 x 6 = _____

6 x 5 = _____   6 x 7 = _____   6 x 5 = _____   6 x 8 = _____

6 x 5 = _____   6 x 9 = _____   6 x 5 = _____   6 x 10 = _____

6 x 6 = _____   6 x 5 = _____   6 x 6 = _____   6 x 7 = _____

6 x 6 = _____   6 x 8 = _____   6 x 6 = _____   6 x 9 = _____

6 x 6 = _____   6 x 7 = _____   6 x 6 = _____   6 x 7 = _____

6 x 8 = _____   6 x 7 = _____   6 x 9 = _____   6 x 7 = _____

6 x 8 = _____   6 x 6 = _____   6 x 8 = _____   6 x 7 = _____

6 x 8 = _____   6 x 9 = _____   6 x 9 = _____   6 x 6 = _____

6 x 9 = _____   6 x 7 = _____   6 x 9 = _____   6 x 8 = _____

6 x 9 = _____   6 x 8 = _____   6 x 6 = _____   6 x 9 = _____

6 x 7 = _____   6 x 9 = _____   6 x 6 = _____   6 x 8 = _____

6 x 9 = _____   6 x 7 = _____   6 x 6 = _____   6 x 8 = _____

multiply by 6 (6–10)

Lesson 6:   Use the distributive property as a strategy to multiply and divide using units of 6 and 7.

©2015 Great Minds®. eureka-math.org

Multiply.

7 x 1 = _____	7 x 2 = _____	7 x 3 = _____	7 x 4 = _____
7 x 5 = _____	7 x 1 = _____	7 x 2 = _____	7 x 1 = _____
7 x 3 = _____	7 x 1 = _____	7 x 4 = _____	7 x 1 = _____
7 x 5 = _____	7 x 1 = _____	7 x 2 = _____	7 x 3 = _____
7 x 2 = _____	7 x 4 = _____	7 x 2 = _____	7 x 5 = _____
7 x 2 = _____	7 x 1 = _____	7 x 2 = _____	7 x 3 = _____
7 x 1 = _____	7 x 3 = _____	7 x 2 = _____	7 x 3 = _____
7 x 4 = _____	7 x 3 = _____	7 x 5 = _____	7 x 3 = _____
7 x 4 = _____	7 x 1 = _____	7 x 4 = _____	7 x 2 = _____
7 x 4 = _____	7 x 3 = _____	7 x 4 = _____	7 x 5 = _____
7 x 4 = _____	7 x 5 = _____	7 x 1 = _____	7 x 5 = _____
7 x 2 = _____	7 x 5 = _____	7 x 3 = _____	7 x 5 = _____
7 x 4 = _____	7 x 2 = _____	7 x 4 = _____	7 x 3 = _____
7 x 5 = _____	7 x 3 = _____	7 x 2 = _____	7 x 4 = _____
7 x 3 = _____	7 x 5 = _____	7 x 2 = _____	7 x 4 = _____

multiply by 7 (1–5)

Lesson 7:   Interpret the unknown in multiplication and division to model and solve problems using units of 6 and 7.

79

Multiply.

7 x 1 = _____   7 x 2 = _____   7 x 3 = _____   7 x 4 = _____

7 x 5 = _____   7 x 6 = _____   7 x 7 = _____   7 x 8 = _____

7 x 9 = _____   7 x 10 = _____   7 x 5 = _____   7 x 6 = _____

7 x 5 = _____   7 x 7 = _____   7 x 5 = _____   7 x 8 = _____

7 x 5 = _____   7 x 9 = _____   7 x 5 = _____   7 x 10 = _____

7 x 6 = _____   7 x 5 = _____   7 x 6 = _____   7 x 7 = _____

7 x 6 = _____   7 x 8 = _____   7 x 6 = _____   7 x 9 = _____

7 x 6 = _____   7 x 7 = _____   7 x 6 = _____   7 x 7 = _____

7 x 8 = _____   7 x 7 = _____   7 x 9 = _____   7 x 7 = _____

7 x 8 = _____   7 x 6 = _____   7 x 8 = _____   7 x 7 = _____

7 x 8 = _____   7 x 9 = _____   7 x 9 = _____   7 x 6 = _____

7 x 9 = _____   7 x 7 = _____   7 x 9 = _____   7 x 8 = _____

7 x 9 = _____   7 x 8 = _____   7 x 6 = _____   7 x 9 = _____

7 x 7 = _____   7 x 9 = _____   7 x 6 = _____   7 x 8 = _____

7 x 9 = _____   7 x 7 = _____   7 x 6 = _____   7 x 8 = _____

multiply by 7 (6–10)

Lesson 8:   Understand the function of parentheses and apply to solving problems.   81

Multiply.

8 x 1 = _____	8 x 2 = _____	8 x 3 = _____	8 x 4 = _____
8 x 5 = _____	8 x 1 = _____	8 x 2 = _____	8 x 1 = _____
8 x 3 = _____	8 x 1 = _____	8 x 4 = _____	8 x 1 = _____
8 x 5 = _____	8 x 1 = _____	8 x 2 = _____	8 x 3 = _____
8 x 2 = _____	8 x 4 = _____	8 x 2 = _____	8 x 5 = _____
8 x 2 = _____	8 x 1 = _____	8 x 2 = _____	8 x 3 = _____
8 x 1 = _____	8 x 3 = _____	8 x 2 = _____	8 x 3 = _____
8 x 4 = _____	8 x 3 = _____	8 x 5 = _____	8 x 3 = _____
8 x 4 = _____	8 x 1 = _____	8 x 4 = _____	8 x 2 = _____
8 x 4 = _____	8 x 3 = _____	8 x 4 = _____	8 x 5 = _____
8 x 4 = _____	8 x 5 = _____	8 x 1 = _____	8 x 5 = _____
8 x 2 = _____	8 x 5 = _____	8 x 3 = _____	8 x 5 = _____
8 x 4 = _____	8 x 2 = _____	8 x 4 = _____	8 x 3 = _____
8 x 5 = _____	8 x 3 = _____	8 x 2 = _____	8 x 4 = _____
8 x 3 = _____	8 x 5 = _____	8 x 2 = _____	8 x 4 = _____

multiply by 8 (1–5)

Lesson 11:   Interpret the unknown in multiplication and division to model and solve problems.

83

©2015 Great Minds®. eureka-math.org

Multiply.

8 x 1 = _____   8 x 2 = _____   8 x 3 = _____   8 x 4 = _____

8 x 5 = _____   8 x 6 = _____   8 x 7 = _____   8 x 8 = _____

8 x 9 = _____   8 x 10 = _____   8 x 5 = _____   8 x 6 = _____

8 x 5 = _____   8 x 7 = _____   8 x 5 = _____   8 x 8 = _____

8 x 5 = _____   8 x 9 = _____   8 x 5 = _____   8 x 10 = _____

8 x 6 = _____   8 x 5 = _____   8 x 6 = _____   8 x 7 = _____

8 x 6 = _____   8 x 8 = _____   8 x 6 = _____   8 x 9 = _____

8 x 6 = _____   8 x 7 = _____   8 x 6 = _____   8 x 7 = _____

8 x 8 = _____   8 x 7 = _____   8 x 9 = _____   8 x 7 = _____

8 x 8 = _____   8 x 6 = _____   8 x 8 = _____   8 x 7 = _____

8 x 8 = _____   8 x 9 = _____   8 x 9 = _____   8 x 6 = _____

8 x 9 = _____   8 x 7 = _____   8 x 9 = _____   8 x 8 = _____

8 x 9 = _____   8 x 8 = _____   8 x 6 = _____   8 x 9 = _____

8 x 7 = _____   8 x 9 = _____   8 x 6 = _____   8 x 8 = _____

8 x 9 = _____   8 x 7 = _____   8 x 6 = _____   8 x 8 = _____

multiply by 8 (6–10)

Lesson 12:   Apply the distributive property and the fact 9 = 10 – 1 as a strategy to multiply.

85

A

Number Correct: _____

Multiply or divide by 8

1.	2 × 8 =	
2.	3 × 8 =	
3.	4 × 8 =	
4.	5 × 8 =	
5.	1 × 8 =	
6.	16 ÷ 8 =	
7.	24 ÷ 8 =	
8.	40 ÷ 8 =	
9.	8 ÷ 1 =	
10.	32 ÷ 8 =	
11.	6 × 8 =	
12.	7 × 8 =	
13.	8 × 8 =	
14.	9 × 8 =	
15.	10 × 8 =	
16.	64 ÷ 8 =	
17.	56 ÷ 8 =	
18.	72 ÷ 8 =	
19.	48 ÷ 8 =	
20.	80 ÷ 8 =	
21.	_____ × 8 = 40	
22.	_____ × 8 = 16	

23.	_____ × 8 = 80	
24.	_____ × 8 = 32	
25.	_____ × 8 = 24	
26.	80 ÷ 8 =	
27.	40 ÷ 8 =	
28.	8 ÷ 1 =	
29.	16 ÷ 8 =	
30.	24 ÷ 8 =	
31.	_____ × 8 = 48	
32.	_____ × 8 = 56	
33.	_____ × 8 = 72	
34.	_____ × 8 = 64	
35.	56 ÷ 8 =	
36.	72 ÷ 8 =	
37.	48 ÷ 8 =	
38.	64 ÷ 8 =	
39.	11 × 8 =	
40.	88 ÷ 8 =	
41.	12 × 8 =	
42.	96 ÷ 8 =	
43.	14 × 8 =	
44.	112 ÷ 8 =	

B

Number Correct: _____

Improvement: _____

Multiply or divide by 8

1.	1 × 8 =	
2.	2 × 8 =	
3.	3 × 8 =	
4.	4 × 8 =	
5.	5 × 8 =	
6.	24 ÷ 8 =	
7.	16 ÷ 8 =	
8.	32 ÷ 8 =	
9.	8 ÷ 1 =	
10.	40 ÷ 8 =	
11.	10 × 8 =	
12.	6 × 8 =	
13.	7 × 8 =	
14.	8 × 8 =	
15.	9 × 8 =	
16.	56 ÷ 8 =	
17.	48 ÷ 8 =	
18.	64 ÷ 8 =	
19.	80 ÷ 8 =	
20.	72 ÷ 8 =	
21.	_____ × 8 = 16	
22.	_____ × 8 = 40	

23.	_____ × 8 = 48	
24.	_____ × 8 = 80	
25.	_____ × 8 = 24	
26.	16 ÷ 8 =	
27.	8 ÷ 1 =	
28.	80 ÷ 8 =	
29.	40 ÷ 8 =	
30.	24 ÷ 8 =	
31.	_____ × 8 = 64	
32.	_____ × 8 = 32	
33.	_____ × 8 = 72	
34.	_____ × 8 = 56	
35.	64 ÷ 8 =	
36.	72 ÷ 8 =	
37.	48 ÷ 8 =	
38.	56 ÷ 8 =	
39.	11 × 8 =	
40.	88 ÷ 8 =	
41.	12 × 8 =	
42.	96 ÷ 8 =	
43.	13 × 8 =	
44.	104 ÷ 8 =	

EUREKA
MATH™

Lesson 13:   Identify and use arithmetic patterns to multiply.

89

Multiply.

9 x 1 = _____   9 x 2 = _____   9 x 3 = _____   9 x 4 = _____

9 x 5 = _____   9 x 1 = _____   9 x 2 = _____   9 x 1 = _____

9 x 3 = _____   9 x 1 = _____   9 x 4 = _____   9 x 1 = _____

9 x 5 = _____   9 x 1 = _____   9 x 2 = _____   9 x 3 = _____

9 x 2 = _____   9 x 4 = _____   9 x 2 = _____   9 x 5 = _____

9 x 2 = _____   9 x 1 = _____   9 x 2 = _____   9 x 3 = _____

9 x 1 = _____   9 x 3 = _____   9 x 2 = _____   9 x 3 = _____

9 x 4 = _____   9 x 3 = _____   9 x 5 = _____   9 x 3 = _____

9 x 4 = _____   9 x 1 = _____   9 x 4 = _____   9 x 2 = _____

9 x 4 = _____   9 x 3 = _____   9 x 4 = _____   9 x 5 = _____

9 x 4 = _____   9 x 5 = _____   9 x 1 = _____   9 x 5 = _____

9 x 2 = _____   9 x 5 = _____   9 x 3 = _____   9 x 5 = _____

9 x 4 = _____   9 x 2 = _____   9 x 4 = _____   9 x 3 = _____

9 x 5 = _____   9 x 3 = _____   9 x 2 = _____   9 x 4 = _____

9 x 3 = _____   9 x 5 = _____   9 x 2 = _____   9 x 4 = _____

multiply by 9 (1–5)

Lesson 14:   Identify and use arithmetic patterns to multiply.   91

©2015 Great Minds®. eureka-math.org

Multiply.

9 x 1 = _____	9 x 2 = _____	9 x 3 = _____	9 x 4 = _____
9 x 5 = _____	9 x 6 = _____	9 x 7 = _____	9 x 8 = _____
9 x 9 = _____	9 x 10 = _____	9 x 5 = _____	9 x 6 = _____
9 x 5 = _____	9 x 7 = _____	9 x 5 = _____	9 x 8 = _____
9 x 5 = _____	9 x 9 = _____	9 x 5 = _____	9 x 10 = _____
9 x 6 = _____	9 x 5 = _____	9 x 6 = _____	9 x 7 = _____
9 x 6 = _____	9 x 8 = _____	9 x 6 = _____	9 x 9 = _____
9 x 6 = _____	9 x 7 = _____	9 x 6 = _____	9 x 7 = _____
9 x 8 = _____	9 x 7 = _____	9 x 9 = _____	9 x 7 = _____
9 x 8 = _____	9 x 6 = _____	9 x 8 = _____	9 x 7 = _____
9 x 8 = _____	9 x 9 = _____	9 x 9 = _____	9 x 6 = _____
9 x 9 = _____	9 x 7 = _____	9 x 9 = _____	9 x 8 = _____
9 x 9 = _____	9 x 8 = _____	9 x 6 = _____	9 x 9 = _____
9 x 7 = _____	9 x 9 = _____	9 x 6 = _____	9 x 8 = _____
9 x 9 = _____	9 x 7 = _____	9 x 6 = _____	9 x 8 = _____

multiply by 9 (6–10)

A

Multiply or divide by 9

1.	2 × 9 =	
2.	3 × 9 =	
3.	4 × 9 =	
4.	5 × 9 =	
5.	1 × 9 =	
6.	18 ÷ 9 =	
7.	27 ÷ 9 =	
8.	45 ÷ 9 =	
9.	9 ÷ 9 =	
10.	36 ÷ 9 =	
11.	6 × 9 =	
12.	7 × 9 =	
13.	8 × 9 =	
14.	9 × 9 =	
15.	10 × 9 =	
16.	72 ÷ 9 =	
17.	63 ÷ 9 =	
18.	81 ÷ 9 =	
19.	54 ÷ 9 =	
20.	90 ÷ 9 =	
21.	_____ × 9 = 45	
22.	_____ × 9 = 9	

23.	_____ × 9 = 90	
24.	_____ × 9 = 18	
25.	_____ × 9 = 27	
26.	90 ÷ 9 =	
27.	45 ÷ 9 =	
28.	9 ÷ 9 =	
29.	18 ÷ 9 =	
30.	27 ÷ 9 =	
31.	_____ × 9 = 54	
32.	_____ × 9 = 63	
33.	_____ × 9 = 81	
34.	_____ × 9 = 72	
35.	63 ÷ 9 =	
36.	81 ÷ 9 =	
37.	54 ÷ 9 =	
38.	72 ÷ 9 =	
39.	11 × 9 =	
40.	99 ÷ 9 =	
41.	12 × 9 =	
42.	108 ÷ 9 =	
43.	14 × 9 =	
44.	126 ÷ 9 =	

EUREKA MATH™

Lesson 16: Reason about and explain arithmetic patterns using units of 0 and 1 as they relate to multiplication and division.

95

B

Multiply or divide by 9

1.	1 × 9 =	
2.	2 × 9 =	
3.	3 × 9 =	
4.	4 × 9 =	
5.	5 × 9 =	
6.	27 ÷ 9 =	
7.	18 ÷ 9 =	
8.	36 ÷ 9 =	
9.	9 ÷ 9 =	
10.	45 ÷ 9 =	
11.	10 × 9 =	
12.	6 × 9 =	
13.	7 × 9 =	
14.	8 × 9 =	
15.	9 × 9 =	
16.	63 ÷ 9 =	
17.	54 ÷ 9 =	
18.	72 ÷ 9 =	
19.	90 ÷ 9 =	
20.	81 ÷ 9 =	
21.	_____ × 9 = 9	
22.	_____ × 9 = 45	

23.	_____ × 9 = 18	
24.	_____ × 9 = 90	
25.	_____ × 9 = 27	
26.	18 ÷ 9 =	
27.	9 ÷ 9 =	
28.	90 ÷ 9 =	
29.	45 ÷ 9 =	
30.	27 ÷ 9 =	
31.	_____ × 9 = 27	
32.	_____ × 9 = 36	
33.	_____ × 9 = 81	
34.	_____ × 9 = 63	
35.	72 ÷ 9 =	
36.	81 ÷ 9 =	
37.	54 ÷ 9 =	
38.	63 ÷ 9 =	
39.	11 × 9 =	
40.	99 ÷ 9 =	
41.	12 × 9 =	
42.	108 ÷ 9 =	
43.	13 × 9 =	
44.	117 ÷ 9 =	

Lesson 16: Reason about and explain arithmetic patterns using units of 0 and 1 as they relate to multiplication and division.

97

©2015 Great Minds®. eureka-math.org

A

Number Correct: _____

Multiply and Divide with 1 and 0

1.	_____ × 1 = 2		23.	9 ÷ _____ = 9	
2.	_____ × 1 = 3		24.	8 × _____ = 8	
3.	_____ × 1 = 4		25.	_____ × 1 = 1	
4.	_____ × 1 = 9		26.	0 ÷ 3 = _____	
5.	8 × _____ = 0		27.	_____ × 1 = 7	
6.	9 × _____ = 0		28.	6 × _____ = 0	
7.	4 × _____ = 0		29.	4 × _____ = 4	
8.	5 × _____ = 5		30.	0 ÷ 8 = _____	
9.	6 × _____ = 6		31.	0 × _____ = 0	
10.	7 × _____ = 7		32.	1 ÷ 1 = _____	
11.	3 × _____ = 3		33.	_____ × 1 = 24	
12.	0 ÷ 1 = _____		34.	17 × _____ = 0	
13.	0 ÷ 2 = _____		35.	32 × _____ = 32	
14.	0 ÷ 3 = _____		36.	0 ÷ 19 = _____	
15.	0 ÷ 6 = _____		37.	46 × _____ = 0	
16.	1 × _____ = 1		38.	0 ÷ 51 = _____	
17.	4 ÷ _____ = 4		39.	64 × _____ = 64	
18.	5 ÷ _____ = 5		40.	_____ × 1 = 79	
19.	6 ÷ _____ = 6		41.	0 ÷ 82 = _____	
20.	8 ÷ _____ = 8		42.	_____ × 1 = 96	
21.	_____ × 1 = 5		43.	27 × _____ = 27	
22.	3 × _____ = 0		44.	43 × _____ = 0	

Lesson 18: Solve two-step word problems involving all four operations and assess the reasonableness of solutions.

B

Number Correct: _____

Improvement: _____

Multiply and Divide with 1 and 0

1.	_____ × 1 = 3	
2.	_____ × 1 = 4	
3.	_____ × 1 = 5	
4.	_____ × 1 = 8	
5.	7 × _____ = 0	
6.	8 × _____ = 0	
7.	3 × _____ = 0	
8.	4 × _____ = 4	
9.	5 × _____ = 5	
10.	6 × _____ = 6	
11.	2 × _____ = 2	
12.	0 ÷ 2 = _____	
13.	0 ÷ 3 = _____	
14.	0 ÷ 4 = _____	
15.	0 ÷ 7 = _____	
16.	1 × _____ = 1	
17.	3 ÷ _____ = 3	
18.	4 ÷ _____ = 4	
19.	5 ÷ _____ = 5	
20.	7 ÷ _____ = 7	
21.	_____ × 1 = 6	
22.	4 × _____ = 0	

23.	8 ÷ _____ = 8	
24.	7 × _____ = 7	
25.	_____ × 1 = 1	
26.	0 ÷ 5 = _____	
27.	_____ × 1 = 9	
28.	5 × _____ = 0	
29.	9 × _____ = 9	
30.	0 ÷ 6 = _____	
31.	1 ÷ 1 = _____	
32.	0 × _____ = 0	
33.	_____ × 1 = 34	
34.	16 × _____ = 0	
35.	31 × _____ = 31	
36.	0 ÷ 18 = _____	
37.	45 × _____ = 0	
38.	0 ÷ 52 = _____	
39.	63 × _____ = 63	
40.	_____ × 1 = 78	
41.	0 ÷ 81 = _____	
42.	_____ × 1 = 97	
43.	26 × _____ = 26	
44.	42 × _____ = 0	

Lesson 18: Solve two-step word problems involving all four operations and assess the reasonableness of solutions.

101

A

Number Correct: _____

Multiply by Multiples of 10

1.	2 × 3 =	
2.	2 × 30 =	
3.	20 × 3 =	
4.	2 × 2 =	
5.	2 × 20 =	
6.	20 × 2 =	
7.	4 × 2 =	
8.	4 × 20 =	
9.	40 × 2 =	
10.	5 × 3 =	
11.	50 × 3 =	
12.	3 × 50 =	
13.	4 × 4 =	
14.	40 × 4 =	
15.	4 × 40 =	
16.	6 × 3 =	
17.	6 × 30 =	
18.	60 × 3 =	
19.	7 × 5 =	
20.	70 × 5 =	
21.	7 × 50 =	
22.	8 × 4 =	

23.	8 × 40 =	
24.	80 × 4 =	
25.	9 × 6 =	
26.	90 × 6 =	
27.	2 × 5 =	
28.	2 × 50 =	
29.	3 × 90 =	
30.	40 × 7 =	
31.	5 × 40 =	
32.	6 × 60 =	
33.	70 × 6 =	
34.	8 × 70 =	
35.	80 × 6 =	
36.	9 × 70 =	
37.	50 × 6 =	
38.	8 × 80 =	
39.	9 × 80 =	
40.	60 × 8 =	
41.	70 × 7 =	
42.	5 × 80 =	
43.	60 × 9 =	
44.	9 × 90 =	

EUREKA MATH™

Lesson 21:   Solve two-step word problems involving multiplying single-digit
factors and multiples of 10.

103

©2015 Great Minds®. eureka-math.org

B

Number Correct: _____

Improvement: _____

Multiply by Multiples of 10

1.	4 × 2 =	
2.	4 × 20 =	
3.	40 × 2 =	
4.	3 × 3 =	
5.	3 × 30 =	
6.	30 × 3 =	
7.	3 × 2 =	
8.	3 × 20 =	
9.	30 × 2 =	
10.	5 × 5 =	
11.	50 × 5 =	
12.	5 × 50 =	
13.	4 × 3 =	
14.	40 × 3 =	
15.	4 × 30 =	
16.	7 × 3 =	
17.	7 × 30 =	
18.	70 × 3 =	
19.	6 × 4 =	
20.	60 × 4 =	
21.	6 × 40 =	
22.	9 × 4 =	

23.	9 × 40 =	
24.	90 × 4 =	
25.	8 × 6 =	
26.	80 × 6 =	
27.	5 × 2 =	
28.	5 × 20 =	
29.	3 × 80 =	
30.	40 × 8 =	
31.	4 × 50 =	
32.	8 × 80 =	
33.	90 × 6 =	
34.	6 × 70 =	
35.	60 × 6 =	
36.	7 × 70 =	
37.	60 × 5 =	
38.	6 × 80 =	
39.	7 × 80 =	
40.	80 × 6 =	
41.	90 × 7 =	
42.	8 × 50 =	
43.	80 × 9 =	
44.	7 × 90 =	

Lesson 21:   Solve two-step word problems involving multiplying single-digit
factors and multiples of 10.

105

Grade 3
Module 4

Multiply.

4 x 1 = _____   4 x 2 = _____   4 x 3 = _____   4 x 4 = _____

4 x 5 = _____   4 x 6 = _____   4 x 7 = _____   4 x 8 = _____

4 x 9 = _____   4 x 10 = _____   4 x 6 = _____   4 x 7 = _____

4 x 6 = _____   4 x 8 = _____   4 x 6 = _____   4 x 9 = _____

4 x 6 = _____   4 x 10 = _____   4 x 6 = _____   4 x 7 = _____

4 x 6 = _____   4 x 7 = _____   4 x 8 = _____   4 x 7 = _____

4 x 9 = _____   4 x 7 = _____   4 x 10 = _____   4 x 7 = _____

4 x 8 = _____   4 x 6 = _____   4 x 8 = _____   4 x 7 = _____

4 x 8 = _____   4 x 9 = _____   4 x 8 = _____   4 x 10 = _____

4 x 8 = _____   4 x 9 = _____   4 x 6 = _____   4 x 9 = _____

4 x 7 = _____   4 x 9 = _____   4 x 8 = _____   4 x 9 = _____

4 x 10 = _____   4 x 9 = _____   4 x 10 = _____   4 x 6 = _____

4 x 10 = _____   4 x 7 = _____   4 x 10 = _____   4 x 8 = _____

4 x 10 = _____   4 x 9 = _____   4 x 10 = _____   4 x 6 = _____

4 x 8 = _____   4 x 10 = _____   4 x 7 = _____   4 x 9 = _____

multiply by 4 (6–10)

Multiply.

6 x 1 = _____   6 x 2 = _____   6 x 3 = _____   6 x 4 = _____

6 x 5 = _____   6 x 6 = _____   6 x 7 = _____   6 x 8 = _____

6 x 9 = _____   6 x 10 = _____   6 x 5 = _____   6 x 6 = _____

6 x 5 = _____   6 x 7 = _____   6 x 5 = _____   6 x 8 = _____

6 x 5 = _____   6 x 9 = _____   6 x 5 = _____   6 x 10 = _____

6 x 6 = _____   6 x 5 = _____   6 x 6 = _____   6 x 7 = _____

6 x 6 = _____   6 x 8 = _____   6 x 6 = _____   6 x 9 = _____

6 x 6 = _____   6 x 7 = _____   6 x 6 = _____   6 x 7 = _____

6 x 8 = _____   6 x 7 = _____   6 x 9 = _____   6 x 7 = _____

6 x 8 = _____   6 x 6 = _____   6 x 8 = _____   6 x 7 = _____

6 x 8 = _____   6 x 9 = _____   6 x 9 = _____   6 x 6 = _____

6 x 9 = _____   6 x 7 = _____   6 x 9 = _____   6 x 8 = _____

6 x 9 = _____   6 x 8 = _____   6 x 6 = _____   6 x 9 = _____

6 x 7 = _____   6 x 9 = _____   6 x 6 = _____   6 x 8 = _____

6 x 9 = _____   6 x 7 = _____   6 x 6 = _____   6 x 8 = _____

_____

multiply by 6 (6–10)

Lesson 8:   Find the area of a rectangle through multiplication of the side lengths.

111

Multiply.

7 x 1 = _____   7 x 2 = _____   7 x 3 = _____   7 x 4 = _____

7 x 5 = _____   7 x 6 = _____   7 x 7 = _____   7 x 8 = _____

7 x 9 = _____   7 x 10 = _____   7 x 5 = _____   7 x 6 = _____

7 x 5 = _____   7 x 7 = _____   7 x 5 = _____   7 x 8 = _____

7 x 5 = _____   7 x 9 = _____   7 x 5 = _____   7 x 10 = _____

7 x 6 = _____   7 x 5 = _____   7 x 6 = _____   7 x 7 = _____

7 x 6 = _____   7 x 8 = _____   7 x 6 = _____   7 x 9 = _____

7 x 6 = _____   7 x 7 = _____   7 x 6 = _____   7 x 7 = _____

7 x 8 = _____   7 x 7 = _____   7 x 9 = _____   7 x 7 = _____

7 x 8 = _____   7 x 6 = _____   7 x 8 = _____   7 x 7 = _____

7 x 8 = _____   7 x 9 = _____   7 x 9 = _____   7 x 6 = _____

7 x 9 = _____   7 x 7 = _____   7 x 9 = _____   7 x 8 = _____

7 x 9 = _____   7 x 8 = _____   7 x 6 = _____   7 x 9 = _____

7 x 7 = _____   7 x 9 = _____   7 x 6 = _____   7 x 8 = _____

7 x 9 = _____   7 x 7 = _____   7 x 6 = _____   7 x 8 = _____

multiply by 7 (6–10)

Multiply.

| 8 x 1 = _____ | 8 x 2 = _____ | 8 x 3 = _____ | 8 x 4 = _____ |

| 8 x 5 = _____ | 8 x 6 = _____ | 8 x 7 = _____ | 8 x 8 = _____ |

| 8 x 9 = _____ | 8 x 10 = _____ | 8 x 5 = _____ | 8 x 6 = _____ |

| 8 x 5 = _____ | 8 x 7 = _____ | 8 x 5 = _____ | 8 x 8 = _____ |

| 8 x 5 = _____ | 8 x 9 = _____ | 8 x 5 = _____ | 8 x 10 = _____ |

| 8 x 6 = _____ | 8 x 5 = _____ | 8 x 6 = _____ | 8 x 7 = _____ |

| 8 x 6 = _____ | 8 x 8 = _____ | 8 x 6 = _____ | 8 x 9 = _____ |

| 8 x 6 = _____ | 8 x 7 = _____ | 8 x 6 = _____ | 8 x 7 = _____ |

| 8 x 8 = _____ | 8 x 7 = _____ | 8 x 9 = _____ | 8 x 7 = _____ |

| 8 x 8 = _____ | 8 x 6 = _____ | 8 x 8 = _____ | 8 x 7 = _____ |

| 8 x 8 = _____ | 8 x 9 = _____ | 8 x 9 = _____ | 8 x 6 = _____ |

| 8 x 9 = _____ | 8 x 7 = _____ | 8 x 9 = _____ | 8 x 8 = _____ |

| 8 x 9 = _____ | 8 x 8 = _____ | 8 x 6 = _____ | 8 x 9 = _____ |

| 8 x 7 = _____ | 8 x 9 = _____ | 8 x 6 = _____ | 8 x 8 = _____ |

| 8 x 9 = _____ | 8 x 7 = _____ | 8 x 6 = _____ | 8 x 8 = _____ |

multiply by 8 (6–10)

Lesson 14: Find areas by decomposing into rectangles or completing composite figures to form rectangles.

115

Multiply.

9 x 1 = _____   9 x 2 = _____   9 x 3 = _____   9 x 4 = _____

9 x 5 = _____   9 x 1 = _____   9 x 2 = _____   9 x 1 = _____

9 x 3 = _____   9 x 1 = _____   9 x 4 = _____   9 x 1 = _____

9 x 5 = _____   9 x 1 = _____   9 x 2 = _____   9 x 3 = _____

9 x 2 = _____   9 x 4 = _____   9 x 2 = _____   9 x 5 = _____

9 x 2 = _____   9 x 1 = _____   9 x 2 = _____   9 x 3 = _____

9 x 1 = _____   9 x 3 = _____   9 x 2 = _____   9 x 3 = _____

9 x 4 = _____   9 x 3 = _____   9 x 5 = _____   9 x 3 = _____

9 x 4 = _____   9 x 1 = _____   9 x 4 = _____   9 x 2 = _____

9 x 4 = _____   9 x 3 = _____   9 x 4 = _____   9 x 5 = _____

9 x 4 = _____   9 x 5 = _____   9 x 1 = _____   9 x 5 = _____

9 x 2 = _____   9 x 5 = _____   9 x 3 = _____   9 x 5 = _____

9 x 4 = _____   9 x 2 = _____   9 x 4 = _____   9 x 3 = _____

9 x 5 = _____   9 x 3 = _____   9 x 2 = _____   9 x 4 = _____

9 x 3 = _____   9 x 5 = _____   9 x 2 = _____   9 x 4 = _____

multiply by 9 (1–5)

Lesson 15:   Apply knowledge of area to determine areas of rooms in a given floor plan.

117

Multiply.

9 x 1 = _____   9 x 2 = _____   9 x 3 = _____   9 x 4 = _____

9 x 5 = _____   9 x 6 = _____   9 x 7 = _____   9 x 8 = _____

9 x 9 = _____   9 x 10 = _____   9 x 5 = _____   9 x 6 = _____

9 x 5 = _____   9 x 7 = _____   9 x 5 = _____   9 x 8 = _____

9 x 5 = _____   9 x 9 = _____   9 x 5 = _____   9 x 10 = _____

9 x 6 = _____   9 x 5 = _____   9 x 6 = _____   9 x 7 = _____

9 x 6 = _____   9 x 8 = _____   9 x 6 = _____   9 x 9 = _____

9 x 6 = _____   9 x 7 = _____   9 x 6 = _____   9 x 7 = _____

9 x 8 = _____   9 x 7 = _____   9 x 9 = _____   9 x 7 = _____

9 x 8 = _____   9 x 6 = _____   9 x 8 = _____   9 x 7 = _____

9 x 8 = _____   9 x 9 = _____   9 x 9 = _____   9 x 6 = _____

9 x 9 = _____   9 x 7 = _____   9 x 9 = _____   9 x 8 = _____

9 x 9 = _____   9 x 8 = _____   9 x 6 = _____   9 x 9 = _____

9 x 7 = _____   9 x 9 = _____   9 x 6 = _____   9 x 8 = _____

9 x 9 = _____   9 x 7 = _____   9 x 6 = _____   9 x 8 = _____

multiply by 9 (6–10)

Lesson 16:   Apply knowledge of area to determine areas of rooms in a given floor plan.

©2015 Great Minds®. eureka-math.org

Credits

Great Minds® has made every effort to obtain permission for the reprinting of all copyrighted material. If any owner of copyrighted material is not acknowledged herein, please contact Great Minds for proper acknowledgment in all future editions and reprints of this module.